中国绿色校园与绿色建筑知识普及教材

绿色校园与未来 1

（供小学低年级使用）

中国绿色建筑与节能专业委员会绿色校园学组　编著

中国建筑工业出版社

图书在版编目（CIP）数据

绿色校园与未来 1（供小学低年级使用）/中国绿色建筑与节能专业委员会绿色校园学组编著. —北京：中国建筑工业出版社，2015.4
中国绿色校园与绿色建筑知识普及教材
ISBN 978-7-112-17954-1

Ⅰ.①绿… Ⅱ.①中… Ⅲ.①学校－教育建筑－节能设计－教材 Ⅳ.①TU244

中国版本图书馆CIP数据核字(2015)第054097号

责任编辑：杨 虹
责任校对：姜小莲 刘 钰

中国绿色校园与绿色建筑知识普及教材
绿色校园与未来 1
（供小学低年级使用）
中国绿色建筑与节能专业委员会绿色校园学组 编著

*

中国建筑工业出版社出版、发行（北京西郊百万庄）
各地新华书店、建筑书店经销
北京嘉泰利德公司制版
北京缤索印刷有限公司印刷

*

开本：787×1092毫米 1/16 印张：3 字数：78千字
2016年5月第一版 2016年5月第一次印刷
定价：15.00 元
ISBN 978-7-112-17954-1
(27207)

内容简介

《绿色校园与未来 1》，供全日制小学低年级使用。旨在引导学生深化认识校园及与家庭生活相关的各种环境，激发学生对于环境的大爱和创新能力，并由此开始绿色实践和行动。

本册编写团队主要由中国绿色建筑与节能专业委员会绿色校园学组、同济大学、WWF（世界自然基金会）、上海市世界外国语小学、上海益优青年服务中心、上海建筑设计研究院等组成。

《绿色校园与未来 1》项目支持机构与单位：

能源基金会

WWF（世界自然基金会）

方兴地产（中国）有限公司

《绿色校园与未来 1》项目总协调组织：

同济大学

如有任何问题，请联络中国绿色建筑与节能专业委员会绿色校园学组：

http: //www.greencampus.org.cn

《绿色校园与未来 1》编制工作组

主　编

吴志强

顾　问

王有为　何镜堂　刘加平　张锦秋　王小平

编　写

吴　玥　张　宁　陈吉菁　陈　铀　田　芳　廖　方

编务协调

汪滋淞　王　倩　张　磊　干　靓

校　对

张　磊

审　稿

穆怀泽　李燕芸　张山青　宋哲军　董海丽　陈胜庆

技术咨询

田　炜　田慧峰　夏　麟

美术编辑

张雪青　杜晓君　丁　玥　孔博雯　殷　沁

序　言

绿色校园的梦想

校园是当今社会不可或缺的重要组成部分，也是国家未来领袖和未来社会主人的摇篮。中国今天共有各级各类学校 50 多万所，全国各级各类学历教育在校生为 2.6 亿人，比上年增加 333 万人。其中，普通小学为 24 万多所，在校学生人数为 9900 多万人，在职教师为 560 多万人，校舍面积为 5.7 亿平方米。校园是培养造就下一代的地方，是文明传承与创新的家园。校园是否绿色、环保、低碳，直接关系着祖国下一代的健康，也影响着民族下一代的精神面貌和价值观。看看今天的校园能否绿色，就知道明天一个国家能否绿色；看看今天的学校能否可持续，就知道一个民族的明天能否可持续。

“绿色学校是指学校在实现其基本教育功能的基础上，以可持续发展思想为指导，

在学校全面的日常工作中纳入有益于环境的管理措施，并不断改进，充分利用校内外的一切资源和机会，全面提升师生环境素养的学校”。更为重要的是，绿色校园也是培养学生的绿色生态文明价值观，并辐射全社会，使其走向生态文明的共同的鲜活教材。

本教材将从学生的意识、节能、出行、行为、饮食、节材等多方面辐射学生日常生活涉及的衣、食、住、行、用等方面的内容。通过“小小建筑师，发现大梦想”的职业角色体验引导学生感受校园及周边环境。希望小朋友们与“急猴猴和糊兔兔”以及它们的朋友们一起，学习和实践“绿色校园”发展过程中的关键步骤，寓教于乐，快乐迈出“绿色校园”小使者的第一步。

绿色教育，是中国学生培养创新性的重要环节。本教材以生动活泼、富于启发的形式，培养学生的可持续创新能力和绿色生活习惯，建立绿色、节能的生活理念。培养学生从身边做起，成为带动身边的人一起参与社会可持续发展的小小领导者。

二零一五年春于同济园

目录

01 前言

05 绿色校园建设五步走

06 第一步：调查－校园建在哪

12 第二步：研究－校园建给谁

18 第三步：设计－校园建啥样

26 第四步：选材－校园咋选材

31 第五步：使用－校园怎么用

34 毕业设计

新朋友们

嗨！我是急猴猴，平时爱搜集各种小常识~

大家好，我是糊兔兔，最爱胡萝卜！

我…我是傻虎虎，喜欢吃肉！

小朋友们，我是树七公爷爷，经常帮急猴猴和糊兔兔等小朋友解答各种问题。

前言

绿色校园是怎么来的?

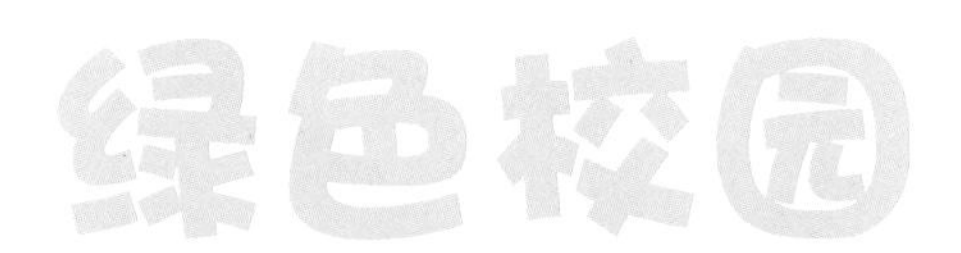

傻虎虎这样做对吗?

绿色校园就是绿颜色的吗?

你想在什么样的绿色校园上学呢?请在下面的小房子里画出你心中的绿色校园。

绿色校园哪里来？
建筑师一笔一笔画出来，
工人一砖一瓦盖起来，
我们学生建起来
……

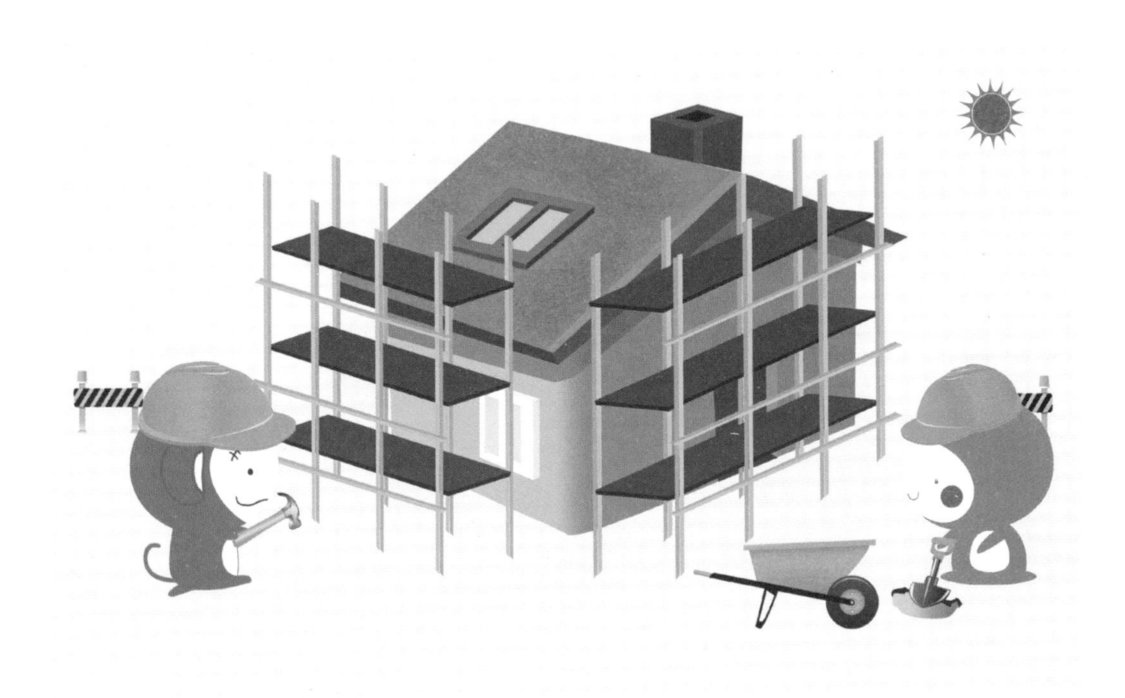

最重要的第一步还是要从小小绿色建筑师的设计开始。

让我们开始吧！

绿色校园设计五步走：

第一步：调查 – 校园建在哪

第二步：研究 – 校园建给谁

第三步：设计 – 校园建啥样

第四步：选材 – 校园咋选材

第五步：使用 – 校园怎么用

就让我们一起通过这本教材，学习一步一步地建设绿色校园，成长为“小小绿色建筑师”吧！

绿色校园建设五步走

第一步：调查-校园建在哪

墨汁河

你的学校也会有这样类似的“囧”吗？

小建筑师们，在我们正式开始建学校之前，你了解你的学校吗？

1. 观察一下城市地形图，看看你们学校所在地的地貌和地形特征，比如学校在山脚下、在河边等。

2. 观察城市出行地图，看看你们学校的位置和整个城市的关系。

根据以上两个观察结果，给你的学校手绘一张名片吧！至少包含以下信息。

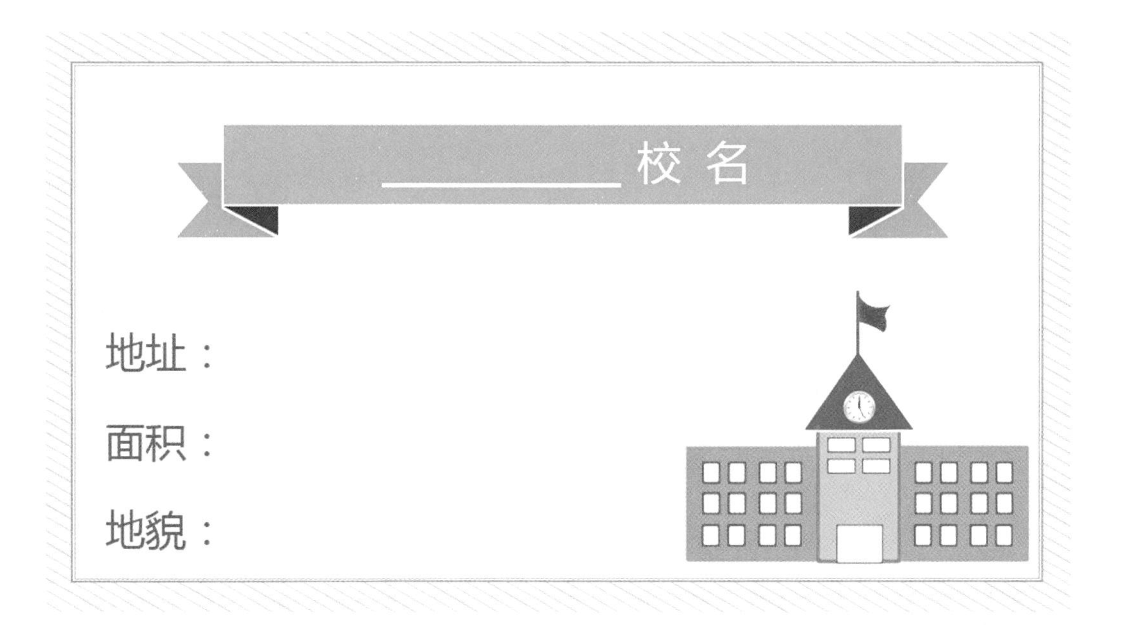

除了地形和位置外，你们能很清楚地说出学校周围到底有什么吗？让我们一起去调查一下吧！

1. 走街啦！分成小组，根据学校周边的街道情况，围绕学校，沿着主要街道行走1000米，记录所有经过的地方，如住宅、商铺数量和类型、医院、公交站等信息。住宅区还需要了解居民的大致人数和年龄比例情况。

2. 每个小组绘制一个简单的街区图，并把大家的成果围绕学校拼汇成完整的学校选址调查图。（可以参考糊兔兔的作品哦！）

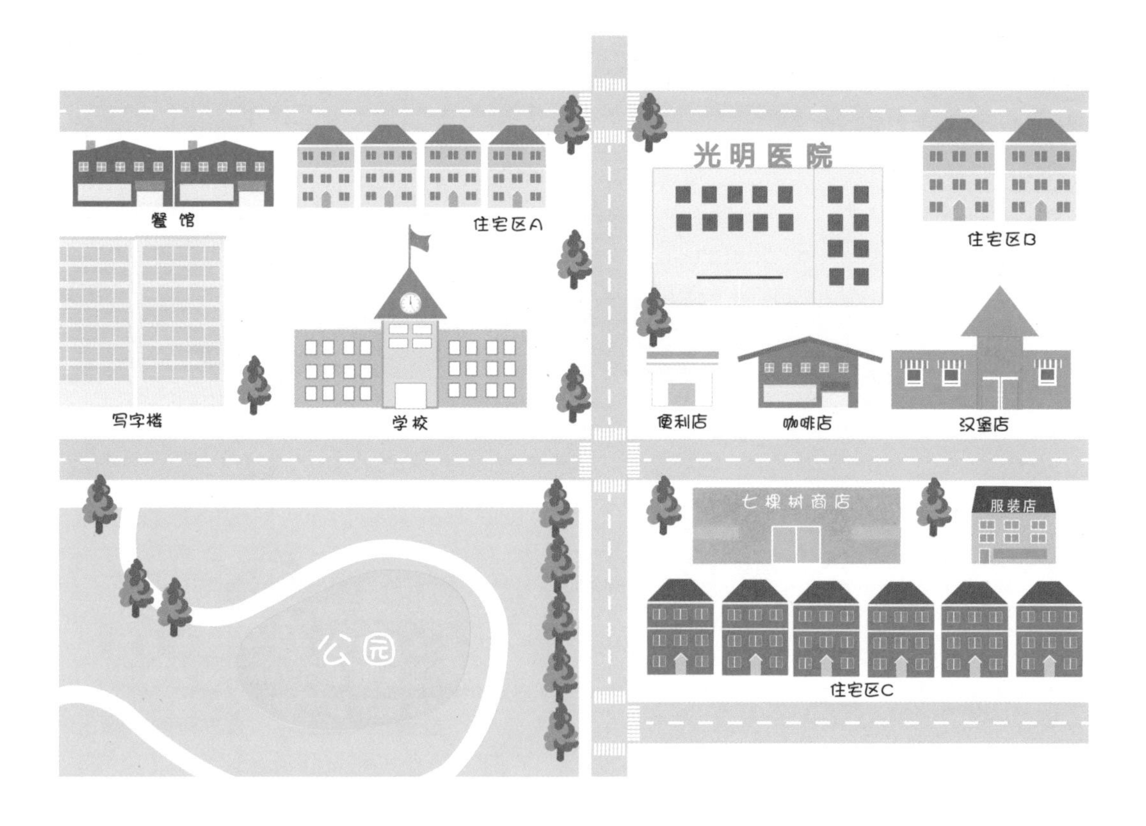

注意要完善下面的这些信息哦！

在调研中，我们可以请求老师、父母或者居委会工作人员及社区居民的帮助哦。

任务单

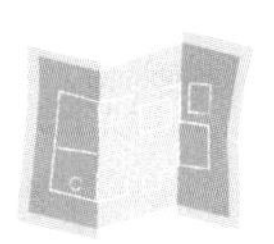

调研的关键信息小提示：

周边街道、居民、公共交通、
商店类型和特征、其他公共设施等

讨论

你的学校选在这儿好吗？为什么？

所以，学校选址可要考虑到周边环境，比如交通、绿化、设施等。

入门培训 2

投票：我心目中的绿色校园

小建筑师们，现在你对学校周边更了解了吧，恭喜你，完成了建筑师入门培训的第一关。接着请你看看下面的这些地方，到底哪些地方周围适合建学校，哪些地方不适合呢？

请拿出三张绿色贴纸和三张红色贴纸贴在相应的地点旁边。

绿色表示最“适合”

红色表示最“不适合”

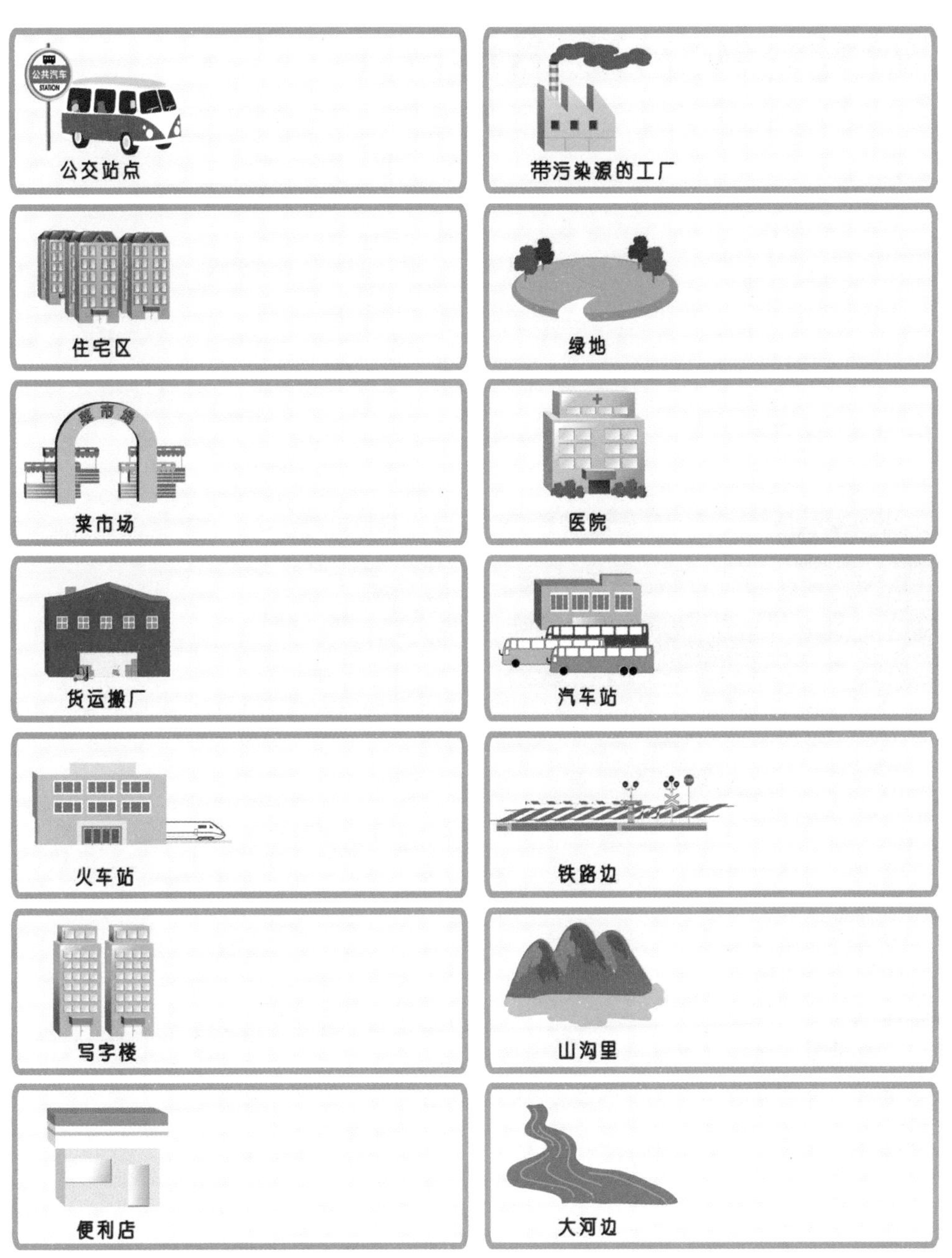

贴好你的选择后，和同学一起分享一下各自的选取理由，看看有哪些相同点、哪些不同点，为什么？

第二步：
研究 - 校园建给谁

功能区

除了这些功能以外，还需要什么？

就要开工了，让我们先想一想，学校都为了我们开设了哪些课程呢？看看你们的课程表吧！

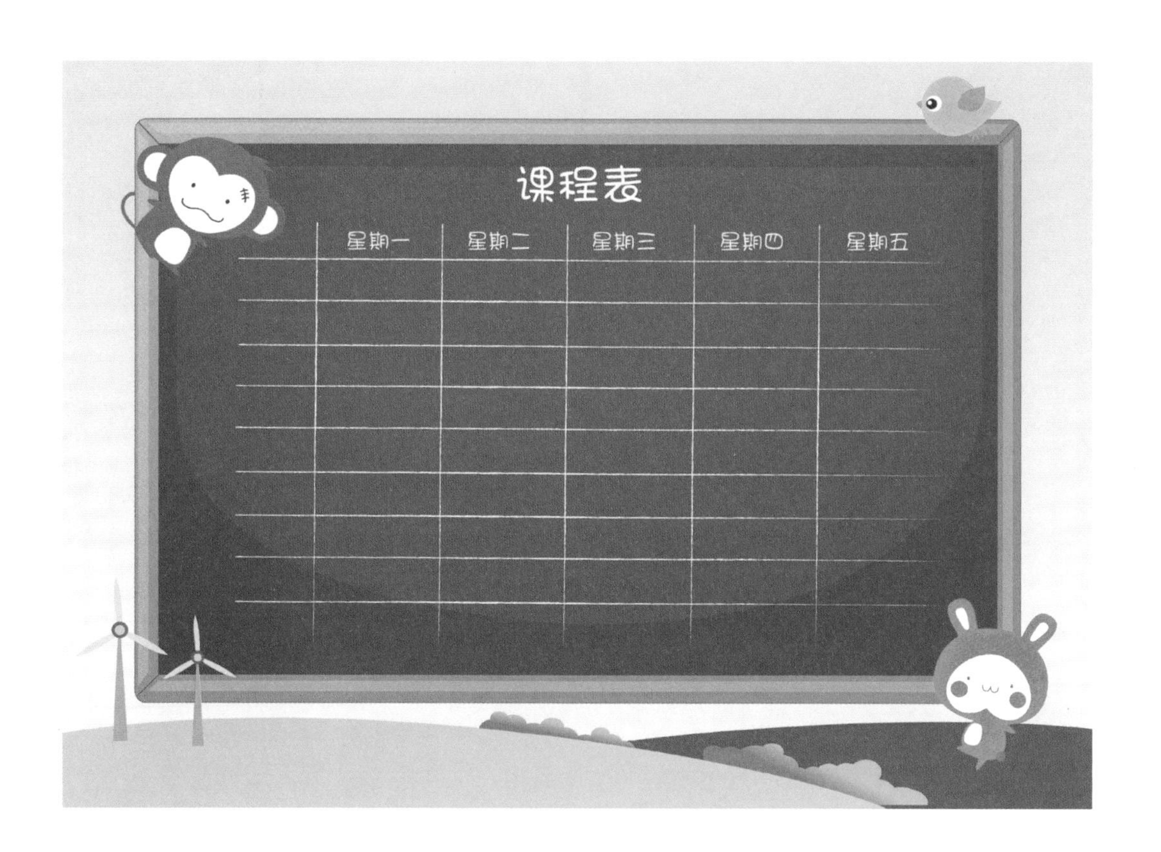

	星期一	星期二	星期三	星期四	星期五

参考你的课表，将你喜欢的课程列在表格中，并说说理由。同时回想一下这些课程是在哪里上，也记录在表格中吧。

我喜欢的课程	在哪里上课

：体育课是我最喜欢的课啦，但是我总是会摔跤！

：这有什么，我可是卫生室的“常客”啊！

学校不仅是我们学习的地方，也是我们生活的地方。现在就请你想想，学校内有哪些地方是为了保证我们舒适、安全、健康地在校生活呢？

谁会来帮忙？

A

B

C

情景一（　　）

教室内的电灯坏了。

情景二（　　）

上课时，不小心把颜料洒了一地。

情景三（　　）

早上来得太早了，校门还没开。

情景四（　　）

上课中突然感到不舒服。

现在你可以数数，你们学校有多少人在做以上几样工作呢？

学校内的每个房间都有它的作用，学校中每个人的工作也都是为了我们可以更好地学习、生活。

经过上面的练习，大家可以发现，我们的各种需求都会呈现为一个教室或者一块场地，那么猜猜看下面的这些指示图标分别代表什么地方呢？

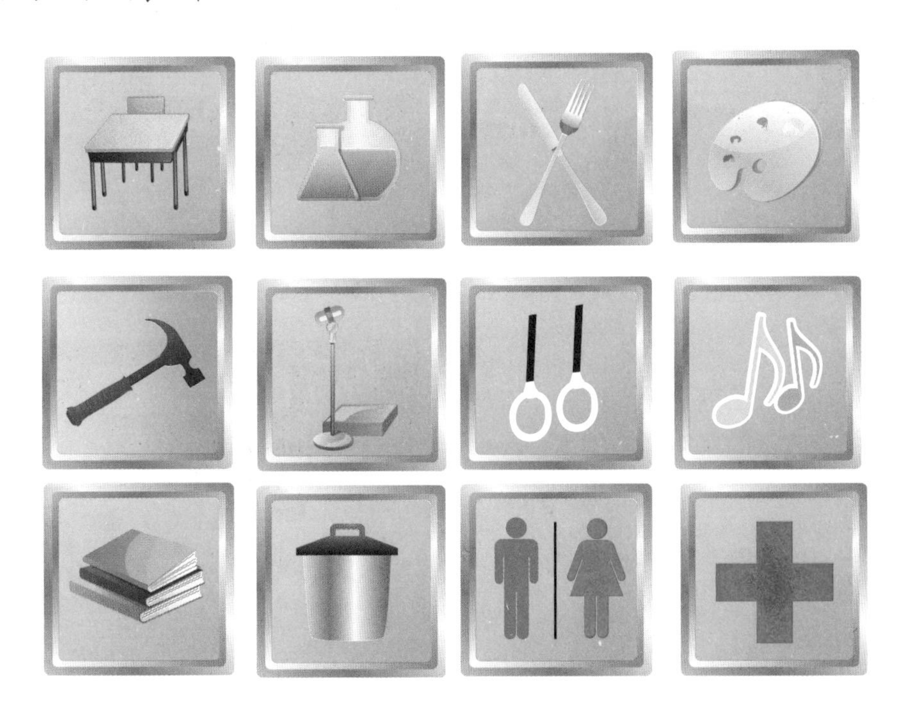

如果是你来为这些地方设计指示图标，会有哪些新创意呢？大家一起来设计创意图标吧！

第三步：设计 - 校园建啥样

大头贴

你见过设计图纸吗？

入门培训 ——图纸

根据第二步的需求调查，你心中是否已经有了一个学校的样子了？可是如何让施工队、让使用者知道学校该建成什么样呢？

最重要的就是靠图纸啦。图纸会告诉大家，教室的大小、操场的位置、花园的布局以及消防通道等详细的信息。先让我们来认识一下校园设计用到的几种基本的图纸吧。看看图纸中的各种图形分别代表什么意思。

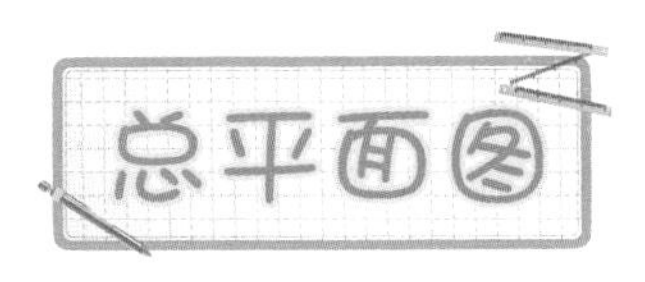

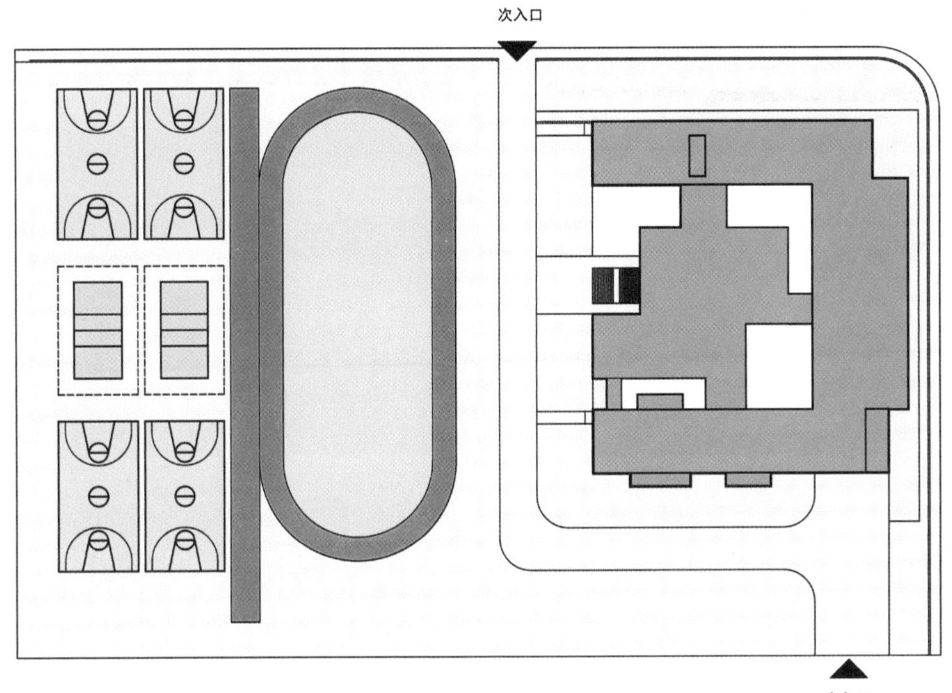

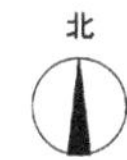

1. 图中学校的校门在哪里？
2. 从图中你能认出校园内有哪些建筑？
3. 你能从图中看出教学楼的朝向吗？

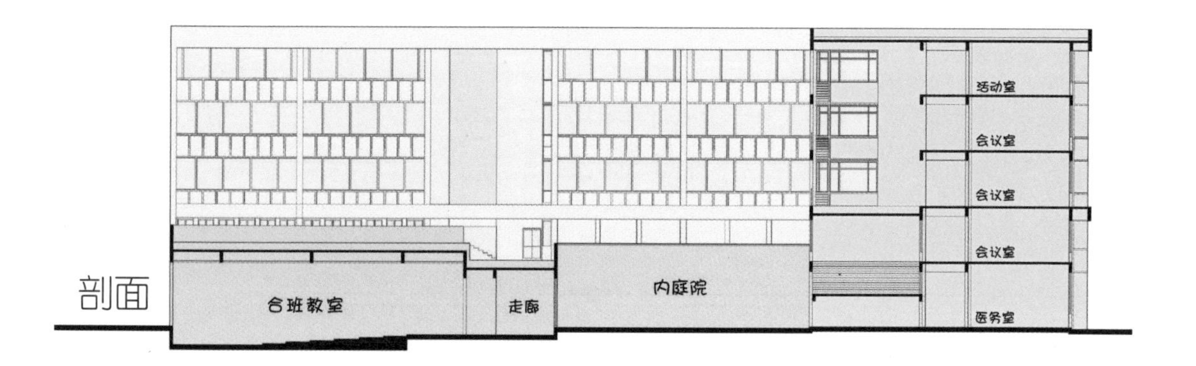

1. 图中建筑如果从室外看共有几层？
2. 请描述合班教室和其他教室的区别有哪些？

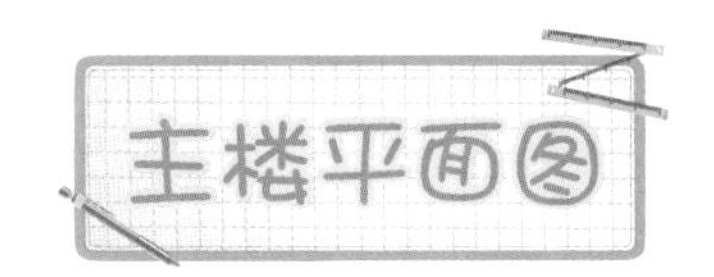

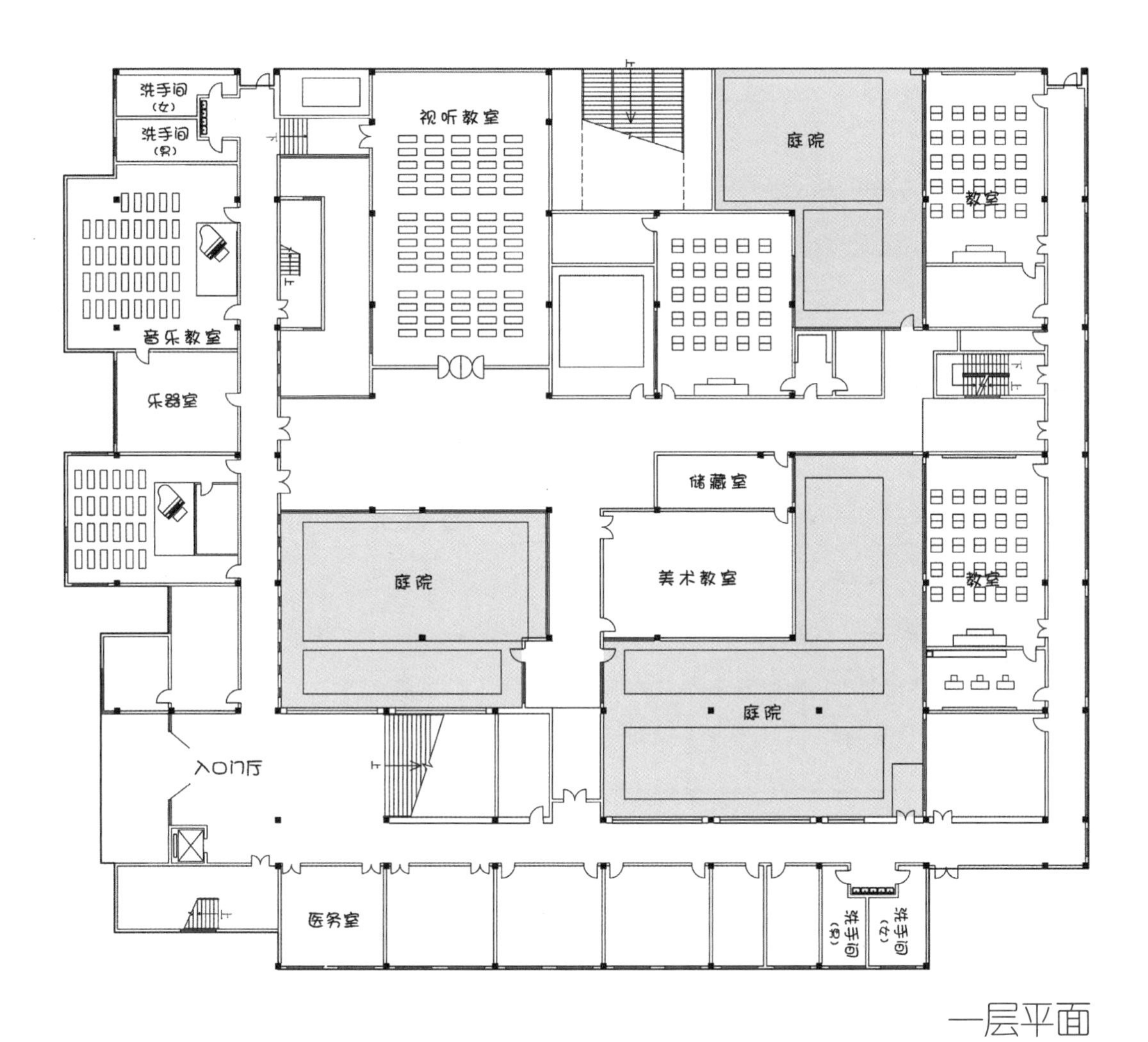

一层平面

1. 你能认出图中的门、窗、楼梯、卫生间吗？
2. 从“入口门厅”到“美术教室”怎么走，请你用铅笔画出路线。看看有几条路可以走。
3. 结合上节课自制的创意图标，请在图中画出各个场所的指示图标。

二层平面

4. 大家一起找找看，一楼和二楼有哪些相同之处？

1. 绿化校园

获得一张学校的平面图纸，并为学校有绿化的地方涂上绿色。你能从图中大致估算出学校的绿化率有多高吗？说说你的估算方法。

（注：绿化率 = 绿化面积 / 校园总面积 ×100%）

2. 自制疏散路线图

找到或自己绘制一张自己班级的楼层平面图，结合学校疏散演练的实际路线，用红色笔在图中画出自己班级紧急情况下的疏散路线，并将此疏散路线图张贴于教室的前后门处。

3. 万能的朝向

1）统计学校中所有班级的朝向，分别记录朝东、朝南、朝西、朝北的教室各有多少间。哪个朝向的比例最高？

2）准备两只相同规格的温度计、两个大小相同的废旧纸盒。将两个纸盒的盖子先放在一边。在纸盒相同立面的中间位置钻一个小孔，将温度计插入盒中。第一个盒子镂空面朝向太阳，另一个盒子背向太阳，10 分钟后观察两个盒子中温度计读数的差别。

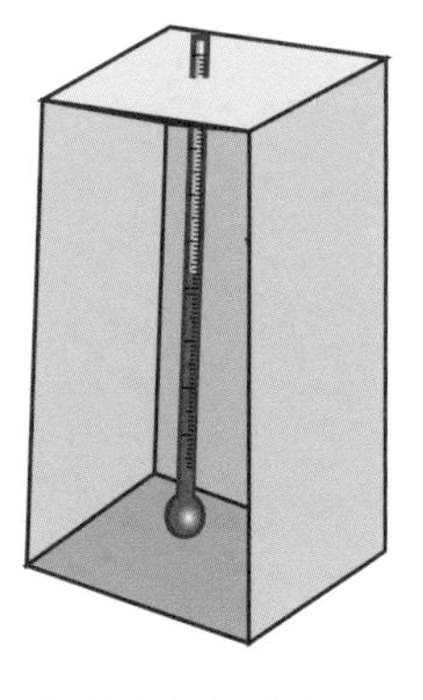

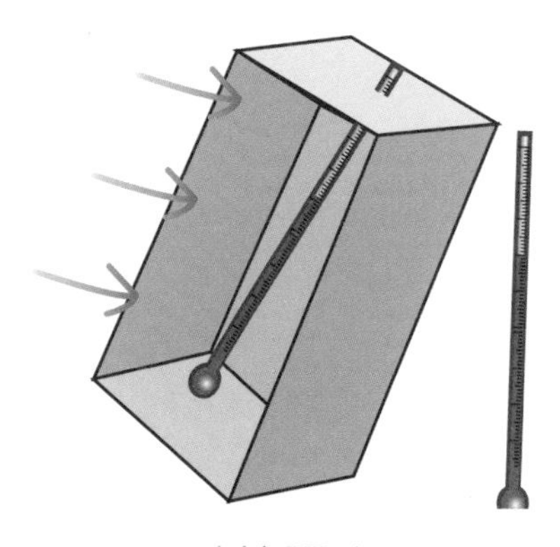

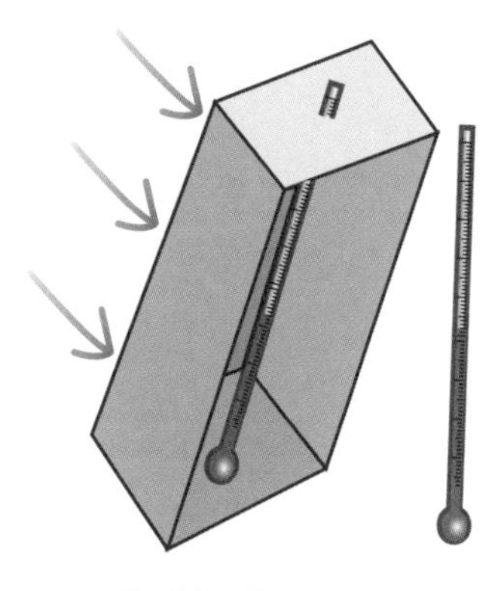

利用空纸盒　　对着阳光　　背着阳光

3）根据两个温度计的读数差异以及平日你在教室中的感受，说说看，你喜欢教室朝向哪个方向，为什么？想想看家里房间都是什么朝向？和不同朝向班级的同学交流一下，不同的朝向有哪些不同的使用感受？

4）辩论：班级同学根据各自喜好的一个朝向，分成2或4个小组——代表不同的朝向，辩论“如果我是建筑师，在设计教室时，朝……是最好的”。

4. 门窗的玄机

1）将纸盒盖子盖起，假设整个纸盒是一个教室，请你在纸盒的左中右三面合理设计出窗和门。先用铅笔画出门窗的位置和大小，然后将门窗镂空。

2）将纸盒与盖子连接处用封箱带密封。

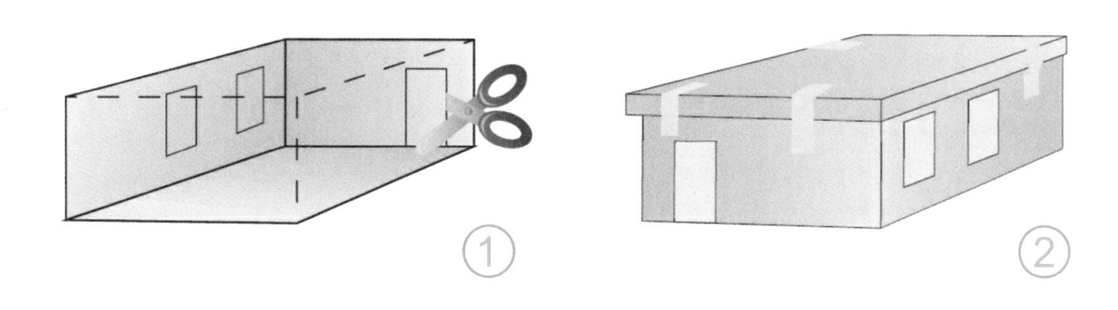

3）将温度计用温水加热至40度，插入做好的鞋盒教室。

4）将整个装置放在距离风扇20厘米处固定，选择固定档位的风速，打开风扇并计时，记录下至温度保持不变时所用的时间。

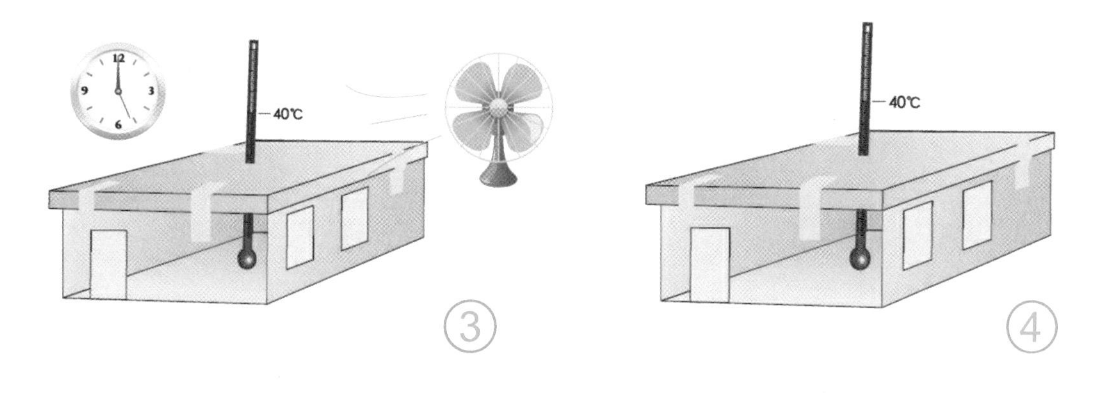

5）讨论：相互比较，每个纸盒教室门窗的不同设计对降温所需的时间有什么影响？

第四步：选材 - 校园咋选材

冻住了

你们学校的窗户玻璃和家里的一样吗？

入门培训——选材

建筑是由各种各样的材料和设备组成的，每种材料和设备都有着不同的性能。无论挡风隔热还是隔声遮阳，都依赖于这些性能。所以，为了让我们的校园更环保、更健康，也更绿色，我们要选择“聪明”的材料和设备。

你知道建一个学校会需要哪些建筑材料和设备吗？

和老师同学们一起
探寻看见和看不见的建筑秘密

任务

想了解更智慧的材料和设备，可以登录“绿色校园”网站（http://www.greencampus.org.cn）。大家从今天起注意发现我们身边的智慧材料吧。把你校园中、生活中发现的各种绿色智慧材料拍照或者手绘后加上简短的说明，并注明发现地点，上传到“绿色校园”网站上与大家分享吧。

第五步：
使用 - 校园怎么用

真节约

你对合理使用电器节能有哪些心得呢？

入门培训——使用

当你家的电器在使用中碰到问题、不知道该怎么办的时候，你的爸爸是不是会先通过看说明书来寻找答案呢？其实，建筑也该有一份能让使用更有效的说明书。好的说明书和智慧地使用可以让咱们校园的建筑使用寿命更长、资源消耗更少，让老师和同学们在校园里的学习生活更舒适健康。

找找看，下面的这幅图中，大家对这些设施的使用有哪些问题。

请大家根据“水”、“电”、“垃圾”、“植物”分成四个小组，每个小组针对各自负责的一个主题，为绿色学校提出 3~5 条更绿色的使用建议吧。然后，将四份报告拼成一个大的承诺图，并签上我们的名字，把它贴在教室的墙面上，激励我们坚持执行。

毕业设计

你心目中的绿色校园

经过五个步骤的培训和锻炼，你的脑海里是不是也渐渐有了一个新的绿色校园的梦想？让我们试着动手搭建出你心目中的绿色校园吧。

需要配备材料：
大白纸、彩笔、各种废旧的纸盒、纸箱、纸板、木板、泡沫塑料等“建材”若干。

特点：
强调亲身体验，强调全真模拟，注重分工合作、手脑并用。

步骤：

1. 分组分工

全班同学分成多个小组，每组 5~8 人。每组分别选出以下不同角色，并给自己的小组起个个性的名字。

角色	人数	工作
项目负责人	1 名	即组长，负责本组项目的顺利开展和实施
设计师	2 名	负责在纸上绘出绿色校园设计图纸
工程师	2~4 名	（建议全体组员参与，可与其他角色重叠），负责用各种材料根据设计图纸搭建出本组的绿色校园模型
项目协调员	1 名	向外组寻求合作、寻找资源、计时、记账
项目发言人	1 名	负责介绍本组设计图纸和项目模型

2. 设计图纸

根据绿色建筑师的系列入门培训，小组共同讨论设计一个你心目中的绿色校园，由设计师以图画的形式呈现小组的设计方案。小组共同给校园命名。

3. 送评报批

由各组项目发言人向绿建委（各组派一名代表与老师共同组成）申报各自设计，绿建委审核该校园项目是否符合绿色校园建设标准。

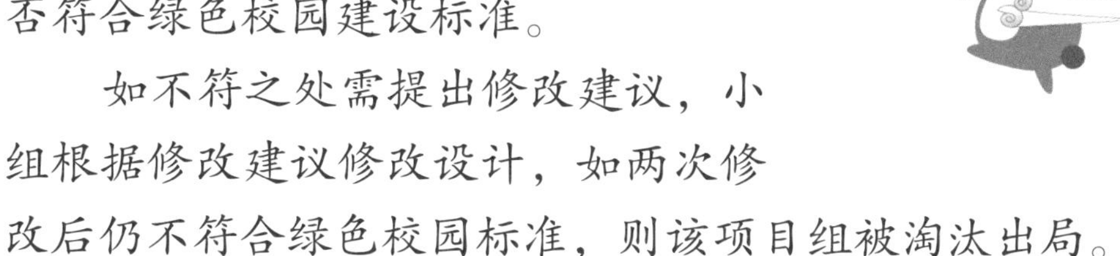

如不符之处需提出修改建议，小组根据修改建议修改设计，如两次修改后仍不符合绿色校园标准，则该项目组被淘汰出局。

通过的设计，由绿建委加盖“绿色校园认证”标志，并获一组建材（可以事先准备几组不同的建材，比如硬纸板、木板、泡沫塑料等）以及每人一张选票。

4. 搭建模型

通过绿建委认证的设计，即可进入建造过程。由全组队员积极配合,合力在规定时间内按设计图纸，用各种建材完成模型搭建。建造过程中如遇到材料不足的情况，可由项目协调员出面，向其他组协商寻求帮助。

5. 项目推荐会

每组 2 分钟，全体组员共同上台展示模型，由项目发言人介绍项目亮点。重点是该项目的绿色设计理念。各组登台展示后，每组可以将选票投给你认为最棒的绿色校园设计模型。

6. 庆功颁奖

由绿建委统计并公布各组项目所获选票数，并颁发“绿色校园之建筑大师奖”。由各组组长分享整个项目中的得与失。

小组的作品请拍照上传到全国绿色校园网站（网址：http://www.greencampus.org.cn），与全国的绿色校园粉丝交流你们的作品，每一年度绿色校园网站还会为大家的毕业设计作品评奖，说不定今年的绿色校园之小小建筑师“优秀毕业设计奖”就是你哦！我们期待着看到你们的作品！